# 马铃薯品种DUS测试操作手册

赵远玲 等 / 著

中国农业出版社
农村读物出版社
北 京

**图书在版编目（CIP）数据**

马铃薯品种DUS测试操作手册 / 赵远玲等著. 北京：中国农业出版社，2024. 6. -- ISBN 978-7-109-32033-8

Ⅰ. S532.02-62

中国国家版本馆CIP数据核字第2024PA1731号

中国农业出版社出版

地址：北京市朝阳区麦子店街18号楼

邮编：100125

责任编辑：王黎黎　杨晓改

版式设计：书雅文化　　责任校对：周丽芳

印刷：中农印务有限公司

版次：2024年6月第1版

印次：2024年6月北京第1次印刷

发行：新华书店北京发行所

开本：700mm×1000mm　1/16

印张：5

字数：90千字

定价：68.00元

# 著者名单

赵远玲　王晨宇　李　铁　王　雨
李冬梅　孙铭隆　高凤梅　王翔宇
孙连发　王永斌　谭巍巍

# 前 言
## Foreword

我国于 1997 年颁布《植物新品种保护条例》，建立植物新品种保护制度，1999 年加入国际植物新品种保护联盟（UPOV），进一步强化实施植物品种保护，目前已成为种业知识产权保护大国。植物新品种保护制度为我国农业发展做出了重要贡献，而这离不开 DUS 测试体系的技术支撑。DUS 测试是植物新品种保护授权和品种审定、登记的重要依据，也是植物品种真实性评价、假冒侵权案件技术鉴定的依托。

马铃薯是世界第四大粮食作物，我国是马铃薯第一大生产国。1999 年马铃薯被列入第一批植物新品种保护名录；2016 年国家批准实施马铃薯主粮化战略；2017 年马铃薯被列入第一批非主要农作物登记目录。我国马铃薯的品种保护、审定（登记）数量稳步增长。随着马铃薯种业的飞速发展，DUS 测试技术也需要不断更新与完善，从而服务育种创新。

《马铃薯品种 DUS 测试操作手册》是对《植物品种特异性、一致性和稳定性测试指南 马铃薯》（GB/T 19557.28—2018）的补充说明，是我国首次出版该作物的 DUS 测试操作手册。测试人员经过长期测试实践，制定了详尽规范，包含马铃薯品种 DUS 测试的操作流程、性状观测说明和性状照片拍摄规程，通过生动图例和细致讲解，清晰阐释了性状的表达状态，满足 DUS 测试实验研究的迫切需要，促进 DUS 测试标准化，增强实用性，有利于技术普及与推广。本手册部分内容为针对黑龙江省哈尔滨市测试地点的自然环境条件提出的，对其他测试地点也具有重要参考价值。适用于马铃薯 DUS 测试人员，也可以供测试申请人及育种者作为参考。

本手册的撰写得到了荷兰园艺检验局（Naktuinbouw）Jan Kees Shipper 等马铃薯 DUS 测试专家的指导，在此表示深深的谢意！

由于著者水平有限，错误和疏漏之处在所难免，恳请批评指正。

著　者

2024 年 3 月 21 日

# 目 录
Contents

# 第 1 部分

## 马铃薯品种 DUS 测试操作流程

# 1 繁殖材料的接收及处理流程

农业农村部植物新品种测试（哈尔滨）分中心（以下简称“分中心”）马铃薯测试繁殖材料的来源分为两类：第1类是品种保护DUS测试任务，由农业农村部植物新品种保护办公室下达；第2类是分中心承接的社会（包括企、事业单位和个人）委托的DUS测试任务。

## 1.1 品种保护DUS测试任务及繁殖材料接收

由农业农村部植物新品种保护办公室下达的马铃薯品种DUS测试任务，由保护办公室下发任务文件，育种者以邮寄或送达的方式将测试种薯交给分中心。分中心由专人领取邮件，由马铃薯测试主管人及时检查种子袋的完整性、是否有检疫证、品种编号（或保藏号）是否与测试品种清单相符、种薯的数量和质量是否满足测试要求。现场至少有2人核对两遍。如有问题，应立即联系育种者，确定解决方案。

## 1.2 社会委托的DUS测试任务及繁殖材料接收

分中心接收的社会委托的马铃薯品种DUS测试任务，由申请人登录DUS委托测试在线申请系统（http://202.127.42.202/testsys），进行注册、备案后，即可申请委托测试。申请提交后，分中心主管人员受理通过，双方签订委托测试技术服务协议后，申请人提交符合测试要求的繁殖材料。

## 1.3 社会委托DUS测试的流程

委托测试流程（图1-1）具体步骤如下：

（1）注册备案。委托人根据《植物品种测试信息数据服务平台委托在线注册备案用户手册》的指导，登录http://202.127.42.202/testsys，打开委托测试在线申请系统页面（图1-2，系统页面可能因升级而略有不同）。

首次使用需要以单位或个人名义凭有效证件提交相关材料进行注册、备案（图1-3）。由农业农村部科技发展中心植物新品种测试中心相关人员对注册信息进行审核。

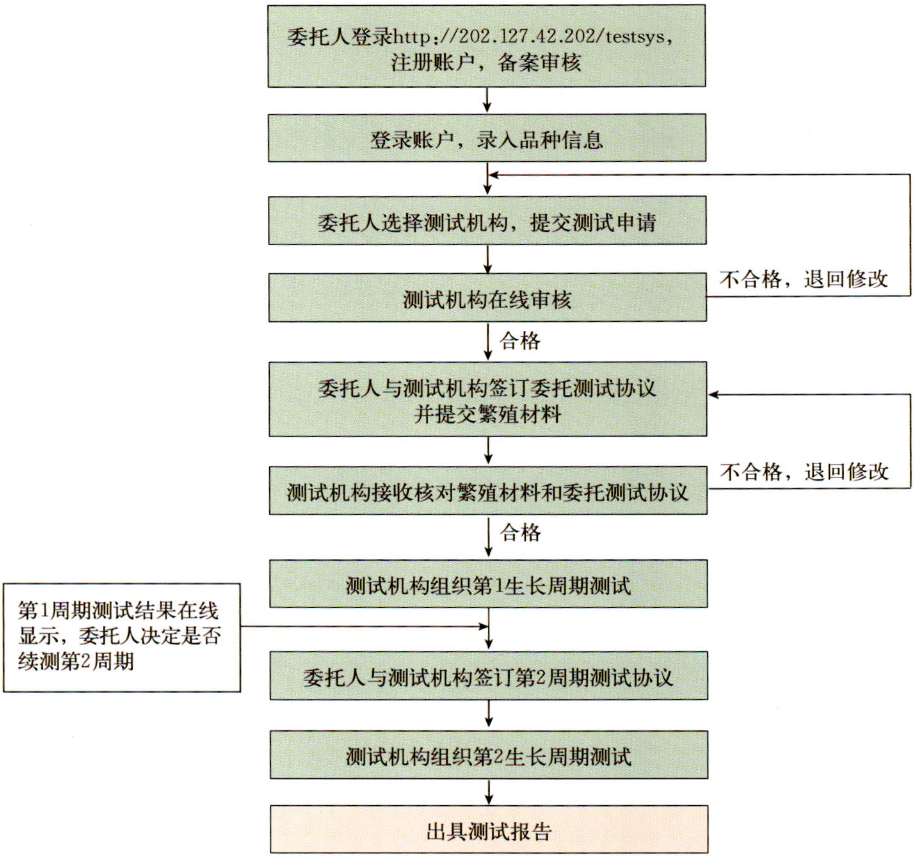


图 1－1　植物新品种特异性（可区别性）、一致性和稳定性委托测试流程

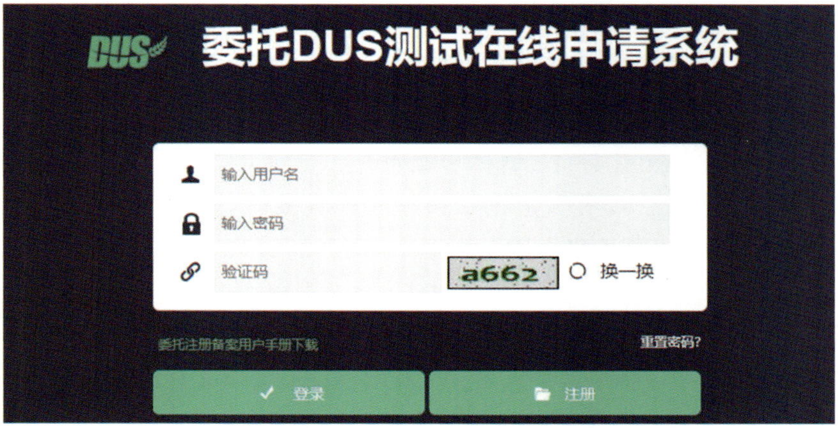


图 1－2　委托测试在线申请系统首页

图1-3　申请人系统注册备案页面

审核通过后，会有一封审核结果邮件发送给申请人（图1-4），申请人点击邮件链接、激活账号，即可获得管理员账号。如果审核不通过，也会通过邮件说明不通过原因，需要申请人修改信息后再次提交审核。

图1-4　审核结果邮件

系统在注册备案成功后即可输入账号、密码，并永久登录使用。需要注意的是，该账号为管理员账号，仅用于创建和管理本单位（或机构）分支部门的子账号或个人子账号，无权申请委托测试（只有在子账号下才可以申请测试，并且子账号可以自行创建无数个），该账号具有唯一性，要妥善保管账号和密码。一旦遗忘，可以在备案时使用的注册邮箱中，系统发送的账号激活信息里找到用户名，然后再登录系统，找回密码。

申请人提交的注册备案只做一次审核，通过后如果申请人修改备案信息，只需编辑、保存，不需再次审核。

（2）在线申请。根据《植物品种测试信息数据服务平台委托测试在线申请系统用户手册》的指导，打开委托测试在线申请系统网页 http://202.127.42.202/testsys，输入子账号和密码登录系统（图1－5）。首页由导航栏、快捷方式和待办事项构成，点击快捷方式下的各项模块填写相关内容，完成样品登记、提交申请后，等待受理。申请人一定要将所有品种信息填全，确保准确无误。如有异常情况应及时与测试分中心联系人沟通解决。

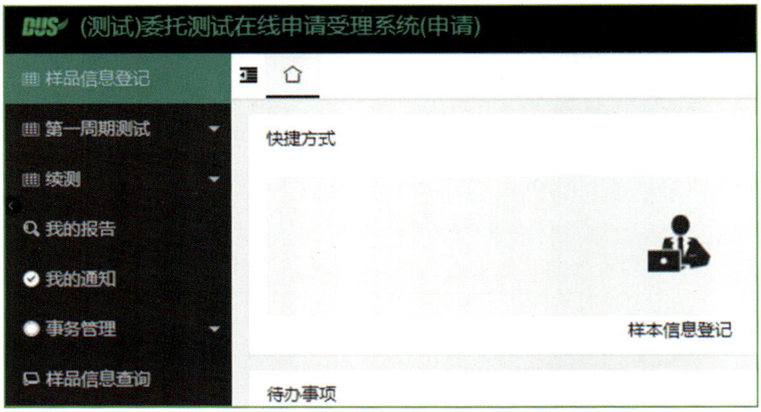


图1－5　申请人委托测试在线申请系统页面

（3）申请结果查询。在提出测试申请后，申请人可以随时登录申请系统，在“第一周期测试”栏里“申请测试”一项中查看进度（图1－5）。在“已提交委托管理”中，填写“委托号”或者“品种名称”，点击查询，就能够看到申请人委托品种的测试状态。当显示“待受理”时，说明该品种已经成功提交到系统，申请人只需等待测试机构受理即可。

（4）关于续测。已经完成第1生长周期测试的材料，需要继续进行第2生长周期的测试，或者已经完成第1和第2生长周期的测试，还需要进行第3生长周期的测试，申请人需要提交续测申请。在申请系统中，选择左侧导航栏“续测”“申请续测”（图1－5），流程非常简单。

（5）委托测试的审核。申请人提交委托测试申请后，分中心测试员登录“Easy Connect”客户端，进入委托测试在线申请受理系统，完成“委托第一周期测试”或“申请续测”的审核工作（图1－6）。

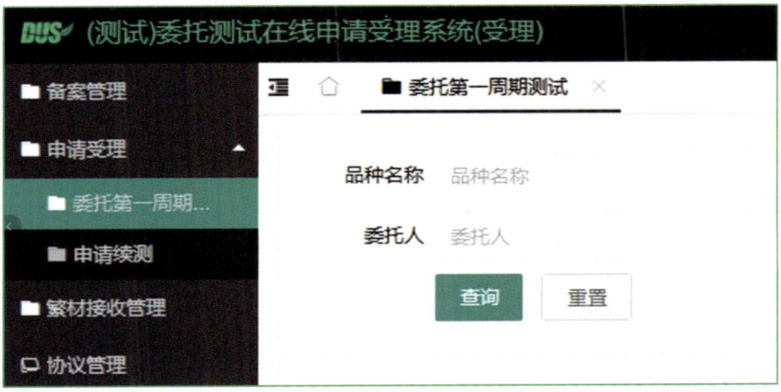


图 1-6　委托测试在线申请受理页面

（6）品种名称变更。在测试报告出具之前，申请人都可以变更测试品种名称。申请人可以在申请系统导航栏中找到“品种名称变更”（图 1-7），输入条件进行查询，再选中目标品种，输入拟变更名称、变更说明，上传证明文件，点击“提交”完成。

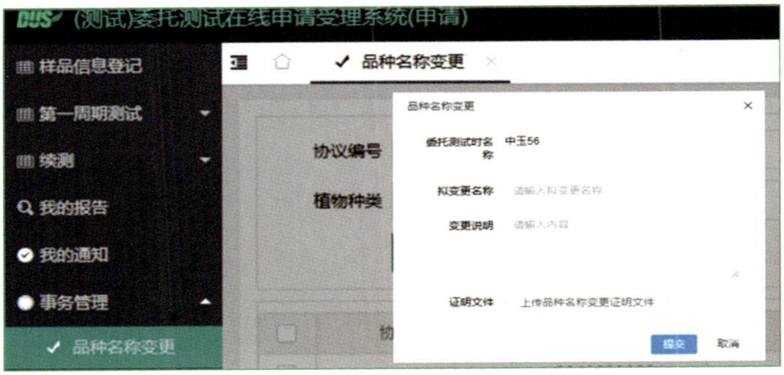


图 1-7　在线申请系统品种名称变更页面

（7）主动撤回。如果申请人想撤回测试申请，可以在导航栏中找到“主动撤回”，勾选，并“确定”，提交申请（图 1-8）。

## 1.4　马铃薯繁殖材料需满足的条件

繁殖材料参考《植物品种特异性、一致性和稳定性测试指南 马铃薯》GB/T 19557.28—2018（以下简称“指南”）的规定，以块茎形式提供；每个生长周期提交的块茎数量至少为 140 个；块茎直径为 35～50 mm，未发芽，外

图 1－8　在线申请系统主动撤回页面

观健康，且无病虫侵害；块茎一般不进行任何影响品种性状正常表达的处理，如果已处理，需提供处理的详细说明；块茎需符合中国植物检疫的有关规定。

## 1.5　测试样品的安全存放

分中心的样品接收员对测试样品与清单进行核对，填写马铃薯品种 DUS 测试样品登记表（表 1－1）。从第 1 周期繁殖材料随机选取 7 个整薯用于进行室内光发芽实验。其余所有繁殖材料摆放在阴凉避光的房屋内进行催芽，避免无关人员接触。播种前，马铃薯测试员根据田间种植计划，对种子进行分装、编号。

**表 1－1　××年××分中心马铃薯 DUS 测试样品登记表**

登记日期：　年　　月　　日　　　　　　　　　　　　　　登记人：

| 序号 | 田间种植编号（可选项） | 申请品种名称 | 近似品种名称（可选项） | 测试周期 | 种子数量（个） | 提交单位/个人 | 联系人 | 联系电话 | 备注 |
|---|---|---|---|---|---|---|---|---|---|
| 1 | | | | | | | | | |
| 2 | | | | | | | | | |
| 3 | | | | | | | | | |
| 4 | | | | | | | | | |
| … | | | | | | | | | |

# 2　实验方案设计

## 2.1　测试方案的制定

测试人员根据马铃薯栽培特点和 DUS 测试指南要求，制定田间种植和测试方案，包括测试品种田间种植顺序、实验设计、田间布置图、栽培管理措施、测试方法、一致性不合格和其他情况记录、工作记录等。马铃薯测试一般为连续两个独立的生长周期，不建议隔年测试。

## 2.2　近似品种的筛选

近似品种依据品种类型、测试指南分组性状、品种性状描述和品种性状照片等进行筛选。第 1 周期参考申请人提供的技术问卷分类种植；第 1 周期测试结束后，利用测试系统平台的“近似品种筛选”功能进行筛选。筛选到的近似品种通知申请人提供，并由申请人对提供的近似品种负责。第 2 周期测试结束后，再次进行近似品种筛选，为出具测试报告提供依据。

## 2.3　田间设计

包括实验地点、地块面积、实验地土质、前茬作物、区组划分、小区面积、行距、行数、株距、每行定植株数、种植方式、重复次数、标准品种种植设计等。测试品种与近似品种相邻种植，标准品种和测试品种要种在同一地块里。小区为顺序排列，四周设置保护行，小区株数等参照测试指南要求。

种植方式：整薯点播。小区为 4 垄区，行距 65～80 cm 均可，4.5 m 行长，区道宽 1.5 m；株距 30 cm。重复次数：2 次。

## 2.4　种植排列单的编写

为方便特异性测试，在同一类型品种中通过使用分组性状把测试品种进行分组排列，并将合适的近似品种与测试品种相邻种植，设置田间种植排列单（表 1－2）。

马铃薯分组性状如下：

（1）光发芽。基部花青苷显色蓝色素比重；

（2）花冠。内侧花青苷显色强度；

（3）花冠。内侧花青苷显色蓝色素比重；

（4）成熟期；

（5）块茎。表皮颜色。

表 1-2 ××年××分中心马铃薯 DUS 测试品种田间种植排列单

| 方号 | 当年区号 | 上年区号 | 测试编号 | 保藏编号 | 品种名称 | 测试周期 | 垄数 | 花色 | 成熟期 | 备注 |
|---|---|---|---|---|---|---|---|---|---|---|
| 1-1 | 1 | | | | | | | | | |
| 1-2 | 2 | | | | | | | | | |
| … | … | | | | | | | | | |

## 2.5 性状调查账的设置

根据指南的附录 A，性状调查账中共设置 44 个马铃薯基本性状。调查表中包括测试当年区号、上一年区号、测试编号、品种名称、测试周期、出苗日期和性状记录，以及拍摄记载、不一致及特殊情况记录，并将实验方案、田间布置图、栽培管理记录表一并装订在调查账前页。账本必须以"第×页，共×页"或类似形式设置，便于管理。

# 3 实验实施

## 3.1 实验地准备

（1）选地。马铃薯适宜生长的前茬有小麦、大豆等，要求土地平整、肥力均匀，保证测试材料的正常生长及其性状的正常表达。

（2）整地。秋季或春季均可，深翻地 30～40 cm，耙细，然后施肥、起垄同时进行；也可以春季旋耕、施肥、起垄一体作业。施肥量可根据土壤肥力调节，一般施尿素、磷酸二胺和硫酸钾混合肥，其 N：P：K 为 3：2：5，每 667 $m^2$ 施肥量为 40～50 kg。

（3）划区。于播种前，按照田间布置图，将地块划区，每一方地块插上标牌，写明方号。

## 3.2 播种

将准备好的每一份种子袋按照田间种植排列单上的顺序集中放在大袋内便于运输。在划好的地块上按照田间布置图将种子摆放好，并再次检查无误后，进行播种。人工辅助扎眼器点播，播深约 8 cm，每个实验重复保证在同一天内完成播种。播后镇压，保证苗全且齐。

### 3.3 测试数据采集

根据指南规定，对应马铃薯不同生育阶段进行性状调查，并记录生长过程中的病虫害情况。对收获后的薯块要尽快调查完毕。

### 3.4 收获

提前一周左右将马铃薯植株割秧晾晒，待实验地清理后，人工收获。小区植株性状正常表达时，选择 4 垄中的中间两垄收获。

### 3.5 照片拍摄及命名

照片要能反映测试材料尽可能多的性状信息，特别是应用在已知品种数据库中，选择近似品种或进行特异性判定时，照片质量更加重要。马铃薯的描述照片共有 5 张——光发芽、复叶、花序、植株和块茎。具体拍摄要求见第 3 部分“马铃薯 DUS 测试性状照片拍摄技术规程”。

照片选好后需要裁剪成规范尺寸 5.0×3.5 英寸*，分辨率 300～400 像素/英寸，并将照片压缩至不超过 1 Mb，否则无法上传至测试系统数据库中。DUS 测试报告中的照片必须有标题，标题名称是测试指南中的性状术语，可以在报告编辑时选择添加。

## 4 田间管理

马铃薯 DUS 测试的田间管理按照当地大田生产管理方式进行。各小区管理严格一致，同一管理措施当日完成，并在田间调查账上做好记录（表 1-3）。

**表 1-3 田间管理记录**

| 日期 | 管理内容名称 |
|---|---|
| 前一年 10 月或当年 4 月中下旬 | 耙地、施肥、起垄 |
| 当年 5 月初 | 播种：人工点播，播种后镇压一次 |

* 英寸为非法定计量单位，1 英寸=2.54 cm。——编者注

（续）

| 日期 | 管理内容名称 |
|---|---|
| 当年 5 月上中旬 | 苗前打封闭 |
| 当年 6 月上旬 | 田间第 1 次人工除草 |
| 当年 6 月上旬 | 中耕覆土 |
| 当年 6 月中旬 | 预防晚疫病第 1 次药剂喷施 |
| 当年 6 月中下旬 | 预防晚疫病第 2 次药剂喷施 |
| 当年 6 月下旬 | 田间第 2 次人工除草 |
| 当年 7 月上旬 | 预防晚疫病第 3 次药剂喷施 |
| 当年 7 月中旬 | 田间第 3 次人工除草 |
| …… | …… |

## 4.1 除草

播种镇压后至出苗前，可采用机械喷洒除草剂（如嗪酮・乙草胺）进行封闭除草。通常是在播种后 1 周左右，杂草还没有萌发，地温在 10～24 ℃，温度越高药效越好，最好是无风天气。马铃薯出苗后产生的杂草一律采用人工除草，以防止除草剂对马铃薯产生药害，保证 DUS 测试正常进行。

## 4.2 病虫害防治

对马铃薯生长过程中出现的病虫害，如果发病很轻，不影响性状表达，无须进行防治，但对于哈尔滨地区，马铃薯晚疫病必须预防，以保证正常成熟。每年 6 月中旬开始，每隔 7～10 d 喷施 1 次杀菌剂预防马铃薯晚疫病。一般要进行两轮防治，第一轮预防为主，喷施代森锰锌、阿米西达、瑞凡；第二轮时进入雨季易发病期，加入治疗药剂，喷施代森锰锌、阿米西达、银法利、瑞凡。

## 4.3 中耕

马铃薯生长前期，株高还没有达到机械底盘高度时，结合除草及时进行一次中耕覆土，覆土后保证后期结薯不会外露。

# 5　性状观测（性状数据采集）

依据指南的技术要求，参照测试操作手册，在规定的时期内观测性状，做好数据记录、工作记录和照片拍摄。

马铃薯测试指南包含 44 个必须调查的基本性状。分为 3 类：质量性状（QL）、假质量性状（PQ）和数量性状（QN）。根据性状特征，采用群体目测（VG）、群体测量（MG）或体测量（MS）3 种观测方法。

群体目测（group visual observation，VG）：对一批植株、植株的某一器官或部位进行目测，获得一个群体记录。

群体测量（group measurement，MG）：对一批植株、植株的某一器官或部位进行测量，获得一个群体记录。

个体测量（single measurement，MS）：对一批植株、植株的某一器官或部位进行逐个测量，获得一组个体记录。

# 6　特异性、一致性和稳定性结果的判定

## 6.1　总体原则

特异性、一致性和稳定性的判定按照指南规定的原则进行。

## 6.2　特异性的判定

待测品种需明显区别于所有已知品种。在测试中，当待测品种至少在一个性状上与最为近似的品种具有明显且可重现的差异时，即可判定待测品种具备特异性。

## 6.3　一致性的判定

对于马铃薯品种，一致性判定时，采用 1%的群体标准和至少 95%的接受概率。判定标准参考 UPOV TGP8 文本中对异型株法的规定，如：当样本数为 6～35 株时，最多允许有 1 株异型株；样本数为 36～82 株时，最多允许有 2 株异型株；样本数为 83～137 株时，最多允许有 3 株异型株（图 1－9）。

| n | k |
|---|---|
| 1～5 | 0 |
| 6～35 | 1 |
| 36～82 | 2 |
| 83～137 | 3 |
| 138～198 | 4 |
| 199～262 | 5 |
| … | … |

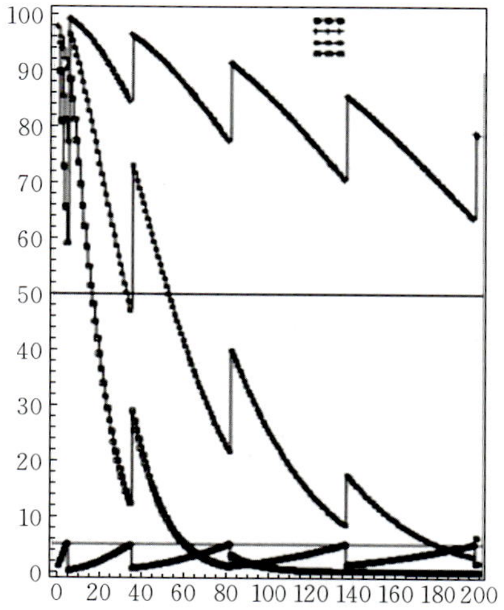


图 1-9　基于异型株法的一致性评价标准

注：群体标准=1%，接受概率≥95%，n=样本大小，k=允许最大异型株数。

### 6.4　稳定性的判定

如果一个品种具备一致性，则可认为该品种具备稳定性。一般不对稳定性进行测试。必要时可以种植该品种的下一批无性繁殖材料，与以前提供的繁殖材料相比，若性状表达无明显变化，则可判定该品种具备稳定性。

## 7　测试报告编制

根据数据分析结果，结合测试过程中有关品种表现的详细记录，对测试品种的特异性、一致性和稳定性进行判定和评价，编制“植物品种特异性、一致性和稳定性测试报告”，由测试员和审核人签字、分中心盖章后，上报农业农村部植物新品种保护办公室。

## 8　收获物处理

待田间观测结束、繁殖材料成熟后，要对小区所有块茎进行收获。除用于后期性状调查外，剩余收获物必须销毁，避免材料流失。

# 9 资料归档

实事求是测试工作的基本准则。在测试过程中，包括测试任务书、种子接收单、测试样品登记表、技术问卷、实验方案、田间种植排列单、性状调查账、测试报告、工作总结等，以及一切数据、文字、图像等电子版或纸质版资料，都应及时整理归档。

# 10 问题反馈

测试过程中如出现问题，例如种子发放错误、繁殖材料出苗率低、植株不能正常生长、遇到自然灾害或数据记录丢失等，应立刻向主管部门汇报，征求意见，尽快采取补救措施。

# 第 2 部分

## 马铃薯基本性状观测说明

# 1 马铃薯生育阶段

马铃薯生育阶段见表 2-1。

**表 2-1 马铃薯生育阶段**

| 编号 | 描述 |
|---|---|
| 10 | 幼芽期，在规定光强和光谱范围的弱光条件下，幼芽生长 8～10 周 |
| 20 | 现蕾期，花蕾超出顶叶的植株占小区总株数的 75%以上 |
| 30 | 开花期，第一花序有 1～2 朵花开放的植株占小区总株数的 75%以上 |
| 40 | 成熟期，全株有 2/3 以上叶片枯黄的植株占小区总株数的 75%以上 |
| 50 | 收获期 |

# 2 性状观测说明

光发芽测试条件：光发芽测试中，光源的光谱和强度是光发芽性状表达的重要影响因素。在无光的暗室里安放培养架，在架子每层顶部安装小型白炽灯泡（6 V AC/0.05 A）提供连续光，强度为 5～10 lux，大约每平方米 8 个灯泡，灯泡距离块茎上方 25～40 cm。每个品种选择 7 个大小适中的块茎（比观测量多 1 个，以防坏损调查数量不足），基部向下、顶端芽眼向上扎在钉板上，置于架上培养。温度 18～22 ℃，相对湿度 50%～70%（图 2-1）。8～10 周后，在有日常光源的环境下观测性状。第一周期的光发芽实验，在繁殖材料全部接收完毕后开始；第二周期光发芽实验通常在第一周期块茎收获后约 150 天度过休眠期后开始。光发芽的生长速度取决于块茎收获后时间，如果在收获后 100 天的早期开始测试，可能由于种子仍处于休眠期导致光发芽发育缓慢，性状观测时期也会推迟。每个块茎上保留 1 个芽用于观测（最好是顶芽），其他位置的芽在发芽早期手工剥除 2～3 次。

光发芽实验包含性状 1～11，光发芽结构见图 2-2。

图 2-1 光发芽实验

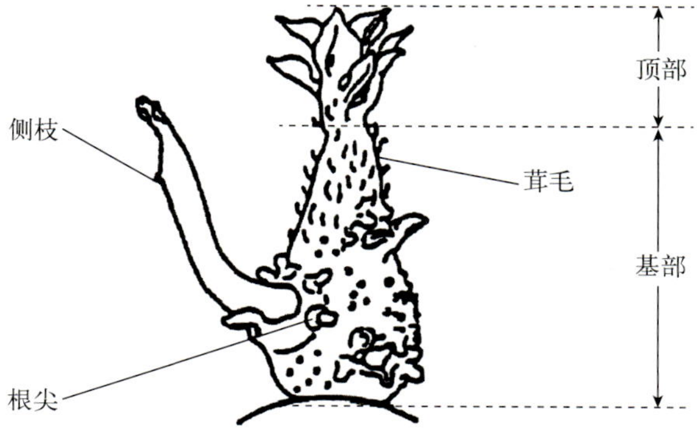


图 2-2 光发芽

## 2.1 性状1 光发芽：大小（QN）

（1）实验方法。按照实验设计要求正常种植。

（2）观测时期。幼芽期（幼芽生长8～10周后）。

（3）观测部位。光发芽整体。

（4）观测方法。群体目测（VG），参照标准品种。

（5）观测量。6个块茎。

（6）性状分级。9级（表2-2）。

**表2-2 光发芽大小分级**

| 表达状态 | 极小 | 极小到小 | 小 | 小到中 | 中 | 中到大 | 大 | 大到极大 | 极大 |
|---|---|---|---|---|---|---|---|---|---|
| 代码 | 1 | 2 | 3 | 4 | 5 | 6 | 7 | 8 | 9 |
| 标准品种 | — | — | Pepo418 | — | 花525 | — | Warba | — | — |
| 参考图片 |  3小　5中　7大 | | | | | | | | |

## 2.2 性状2 光发芽：形状（PQ）

（1）实验方法。按照实验设计要求正常种植。

（2）观测时期。幼芽期（幼芽生长8～10周后）。

（3）观测部位。光发芽整体。

（4）观测方法。群体目测（VG），参照标准品种。

（5）观测量。6个块茎。

（6）性状分级。5级（表2-3）。

**表2-3 光发芽形状分级**

| 表达状态 | 球形 | 卵形 | 圆锥形 | 粗圆柱形 | 细圆柱形 |
|---|---|---|---|---|---|
| 代码 | 1 | 2 | 3 | 4 | 5 |
| 标准品种 | 波C | Lt-5 | Caribe | — | 紫玫瑰1号 |

（续）

| | |
|---|---|
| 参考图片 | <br>1球形 2卵形 3圆锥形 4粗圆柱形 5细圆柱形<br><br>1球形 2卵形 3圆锥形 4粗圆柱形 5细圆柱形 |

## 2.3 性状3 光发芽：基部花青苷显色强度（QN）

（1）实验方法。按照实验设计要求正常种植。

（2）观测时期。幼芽期（幼芽生长8～10周后）。

（3）观测部位。光发芽基部。

（4）观测方法。群体目测（VG），参照标准品种。

（5）观测量。6个块茎。

（6）性状分级。9级（表2-4）。

**表2-4 光发芽基部花青苷显色强度分级**

| 表达状态 | 无或极弱 | 极弱到弱 | 弱 | 弱到中 | 中 | 中到强 | 强 | 强到极强 | 极强 |
|---|---|---|---|---|---|---|---|---|---|
| 代码 | 1 | 2 | 3 | 4 | 5 | 6 | 7 | 8 | 9 |
| 标准品种 | Estima | — | Ranger Russet | — | 花525 | — | Warba | — | Bintje |

（续）

| | |
|---|---|
| 参考图片 | 不含蓝色素的品种：<br> 1无或弱  3弱  5中  7强<br>含蓝色素的品种：<br> 5中  6中到强  7强  9极强 |

注：1. 如果没有花青苷，则光发芽是绿色的；

2. 花青苷显色源自于两种成分：红色素和蓝色素。如果有花青苷显色，那么一定含有红色素。如果蓝色素比重较低，光发芽的颜色呈现红色或紫红色；如果蓝色素比重较高，光发芽的颜色会呈现蓝色或蓝紫色；

3. 花青苷显色不总是均匀分布在光发芽上的，应当观察花青苷总量在光发芽总面积上的平均值。

## 2.4 性状4光发芽：基部花青苷显色蓝色素比重（QN）

（1）实验方法。按照实验设计要求正常种植。

（2）观测时期。幼芽期（幼芽生长8～10周后）。

（3）观测部位。光发芽基部。

（4）观测方法。群体目测（VG），参照标准品种。

（5）观测量。6个块茎。

（6）性状分级。3 级（表 2－5）。

**表 2－5　光发芽基部花青苷显色蓝色素比重分级**

| 表达状态 | 无或低 | 中 | 高 |
|---|---|---|---|
| 代码 | 1 | 2 | 3 |
| 标准品种 | DTO－33 | 克新 4 号 | Bintje |
| 参考图片 | <br>1无或低 | <br>2中 | <br>3高 |

## 2.5　性状 5 光发芽：基部茸毛（QN）

（1）实验方法。按照实验设计要求正常种植。
（2）观测时期。幼芽期（幼芽生长 8～10 周后）。
（3）观测部位。光发芽基部。
（4）观测方法。群体目测（VG），参照标准品种。
（5）观测量。6 个块茎。
（6）性状分级。9 级（表 2－6）。

**表 2－6　光发芽基部茸毛分级**

| 表达状态 | 无或极少 | 极少到少 | 少 | 少到中 | 中 | 中到多 | 多 | 多到极多 | 极多 |
|---|---|---|---|---|---|---|---|---|---|
| 代码 | 1 | 2 | 3 | 4 | 5 | 6 | 7 | 8 | 9 |
| 标准品种 | 新芋 5 号 | — | 沙杂 15 号 | — | Red Warba | — | Warba | — | 黑玫瑰 1 号 |

（续）

| | |
|---|---|
| 参考图片 | <br>1无或极少<br><br>3少<br><br>5中<br><br>7多<br><br>9极多 |

注：茸毛不总是在光发芽上均匀分布，从基部到顶部的过渡也不是很清晰。应将基部茸毛的总量在基部总面积上取平均。

## 2.6　性状6光发芽：顶部相对于基部大小（QN）

（1）实验方法。按照实验设计要求正常种植。

（2）观测时期。幼芽期（幼芽生长8～10周后）。

（3）观测部位。光发芽整体。

（4）观测方法。群体目测（VG），参照标准品种。

（5）观测量。6个块茎。

（6）性状分级。9级（表2-7）。

**表 2-7　光发芽顶部相对于基部大小分级**

| 表达状态 | 极小 | 极小到小 | 小 | 小到中 | 中 | 中到大 | 大 | 大到极大 | 极大 |
|---|---|---|---|---|---|---|---|---|---|
| 代码 | 1 | 2 | 3 | 4 | 5 | 6 | 7 | 8 | 9 |
| 标准品种 | — | — | 波 C | — | 克新 4 号 | — | Guar row | — | — |
| 参考图片 | <br>3小<br>顶部:基部=3:7 | | | | <br>5中<br>顶部:基部=5:5 | | <br>7大<br>顶部:基部=7:3 | | |

光发芽顶部相对于基部大小也可以对顶部与整体进行比较（表 2-8）。

**表 2-8　光发芽顶部相对于基部大小分级标准**

| 代码 | 顶部相对于整体大小 | 基部相对于整体大小 |
|---|---|---|
| 1 | 10 | 90 |
| 2 | 20 | 80 |
| 3 | 30 | 70 |
| 4 | 40 | 60 |
| 5 | 50 | 50 |
| 6 | 60 | 40 |
| 7 | 70 | 30 |
| 8 | 80 | 20 |
| 9 | 90 | 10 |

## 2.7　性状 7 光发芽：顶部习性（QN）

（1）实验方法。按照实验设计要求正常种植。

（2）观测时期。幼芽期（幼芽生长 8～10 周后）。

（3）观测部位。光发芽顶部。

（4）观测方法。群体目测（VG），参照标准品种。

（5）观测量。6 个块茎。

（6）性状分级。5 级（表 2－9）。

**表 2－9　光发芽顶部习性分级**

| 表达状态 | 并拢 | 并拢到半开展 | 半开展 | 半开展到开展 | 开展 |
|---|---|---|---|---|---|
| 代码 | 1 | 2 | 3 | 4 | 5 |
| 标准品种 | 克新 4 号 | — | Warba | — | 克新 23 号 |
| 参考图片 | <br>1并拢　3半开展　5开展<br>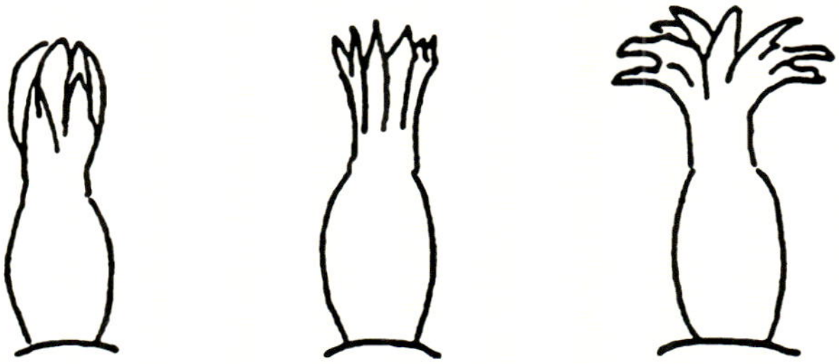<br>1并拢　3半开展　5开展 | | | | |

注：这个性状应在样品具有区分度的最佳时期观测。观测过早，大多数顶部还是并拢的；观测太晚，多数顶部已经开展。

## 2.8　性状 8 光发芽：顶部花青苷显色强度（QN）

（1）实验方法。按照实验设计要求正常种植。

（2）观测时期。幼芽期（幼芽生长 8～10 周后）。

（3）观测部位。光发芽顶部。

(4) 观测方法。群体目测 (VG)，参照标准品种。

(5) 观测量。6 个块茎。

(6) 性状分级。9 级 (表 2 - 10)。

**表 2 - 10 光发芽顶部花青苷显色强度分级**

| 表达状态 | 无或极弱 | 极弱到弱 | 弱 | 弱到中 | 中 | 中到强 | 强 | 强到极强 | 极强 |
|---|---|---|---|---|---|---|---|---|---|
| 代码 | 1 | 2 | 3 | 4 | 5 | 6 | 7 | 8 | 9 |
| 标准品种 | Estima | — | Lt - 5 | — | 克新 18 号 | — | Brigus | — | 尤金 |
| 参考图片 | <br>1无或极弱<br><br>3弱<br><br>5中<br><br>7强<br><br>9极强 | | | | | | | | |

## 2.9 性状 9 光发芽：顶部茸毛 (QN)

(1) 实验方法。按照实验设计要求正常种植。

(2) 观测时期。幼芽期 (幼芽生长 8～10 周后)。

(3) 观测部位。光发芽顶部。

(4) 观测方法。群体目测 (VG)，参照标准品种。

（5）观测量。6 个块茎。

（6）性状分级。9 级（表 2－11）。

**表 2－11 光发芽顶部茸毛分级**

| 表达状态 | 无或极少 | 极少到少 | 少 | 少到中 | 中 | 中到多 | 多 | 多到极多 | 极多 |
|---|---|---|---|---|---|---|---|---|---|
| 代码 | 1 | 2 | 3 | 4 | 5 | 6 | 7 | 8 | 9 |
| 标准品种 | Kennebec | — | 克新 4 号 | — | 尤金 | — | Warba | — | — |
| 参考图片 | <br>1无或极少<br><br>3少<br><br>5中<br><br>7多<br><br>9极多 | | | | | | | | |

注：茸毛不总是在光发芽上均匀分布，并且从顶部到基部的过渡也不是很清晰。应将顶部茸毛的总量在顶部总面积上取平均。

## 2.10 性状 10 光发芽：根尖数量（QN）

（1）实验方法。按照实验设计要求正常种植。

（2）观测时期。幼芽期（幼芽生长 8～10 周后）。

（3）观测部位。光发芽基部。

（4）观测方法。群体目测（VG），参照标准品种。

（5）观测量。6 个块茎。

（6）性状分级。9 级（表 2－12）。

**表 2－12　光发芽根尖数量分级**

| 表达状态 | 无或极少 | 极少到少 | 少 | 少到中 | 中 | 中到多 | 多 | 多到极多 | 极多 |
|---|---|---|---|---|---|---|---|---|---|
| 代码 | 1 | 2 | 3 | 4 | 5 | 6 | 7 | 8 | 9 |
| 标准品种 | — | — | 克新 6 号 | — | Lt－5 | — | FL2137 | — | — |
| 参考图片 | <br>3少 | | <br>5中 | | <br>7多 | | <br>9极多 | | |

注：根尖是相对较大、略有光泽的白色突起，不要与小的白色皮孔混淆。

图 2－3　光发芽根尖与皮孔

## 2.11　性状 11 光发芽：侧枝长度（QN）

（1）实验方法。按照实验设计要求正常种植。

（2）观测时期。幼芽期（幼芽生长 8～10 周后）。

（3）观测部位。光发芽基部。

（4）观测方法。群体目测（VG），参照标准品种。

（5）观测量。6 个块茎。

（6）性状分级。9 级（表 2－13）。

**表 2－13　光发芽侧枝长度分级**

| 表达状态 | 极短 | 极短到短 | 短 | 短到中 | 中 | 中到长 | 长 | 长到极长 | 极长 |
|---|---|---|---|---|---|---|---|---|---|
| 代码 | 1 | 2 | 3 | 4 | 5 | 6 | 7 | 8 | 9 |
| 标准品种 | — | — | 花 525 | — | 延薯 7 号 | — | 黑玫瑰 1 号 | — | — |
| 参考图片 |  3短　5中　7长 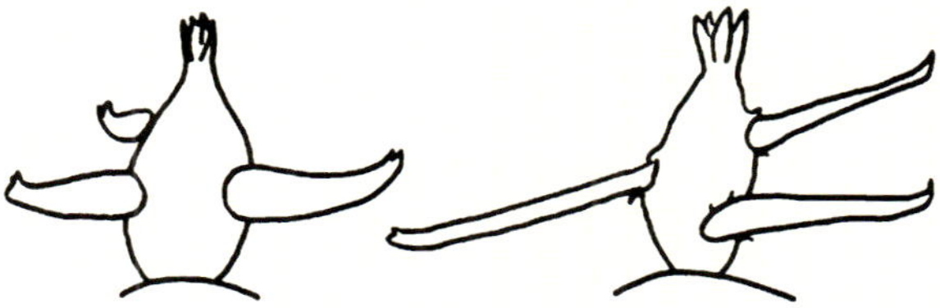 3短　5中　7长 | | | | | | | | |

注：该性状的观测时期非常重要。侧枝在持续生长，并可能迅速伸长。过早观测可能导致代码值偏低，而过晚观测可能导致代码值过高。可以参考标准品种来确定最佳观测时期。

## 2.12　性状 12 植株：类型（QN）

（1）栽培方法。按照实验设计要求正常种植。

（2）观测时期。现蕾期。

（3）观测部位。植株。

（4）观测方法。群体目测（VG）。

（5）观测量。整个群体。

（6）性状分级。3 级（表 2－14）。

**表 2－14　植株类型分级**

| 表达状态 | 茎型 | 中间型 | 叶型 |
| --- | --- | --- | --- |
| 代码 | 1 | 2 | 3 |
| 标准品种 | 克新 16 号 | 克新 4 号 | 陇薯 8 号 |
| 参考图片 | <br>1茎型<br><br>1茎型 | <br>2中间型<br><br>2中间型 | <br>3叶型<br><br>3叶型 |

注：茎型——枝叶开展，茎清晰可见；中间型——枝叶半开展，部分茎可见；叶型——枝叶闭合，茎不可见或几乎看不见。

## 2.13　性状 13 植株：生长习性（QN）

（1）栽培方法。按照实验设计要求正常种植。

（2）观测时期。现蕾期。

（3）观测部位。植株。

（4）观测方法。群体目测（VG）。

（5）观测量。整个群体。

（6）性状分级。5 级（表 2－15）。

**表 2－15　植株生长习性分级**

| 表达状态 | 直立 | 直立到半直立 | 半直立 | 半直立到开展 | 开展 |
| --- | --- | --- | --- | --- | --- |
| 代码 | 1 | 2 | 3 | 4 | 5 |
| 标准品种 | 双丰 5 号 | — | 克新 4 号 | — | 克新 20 号 |

（续）

| | | | |
|---|---|---|---|
| 参考图片 |  1直立 |  3半直立 |  5开展 |
| | 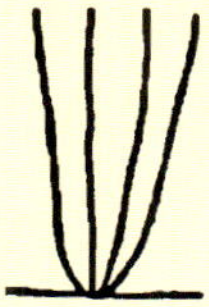 1直立 | 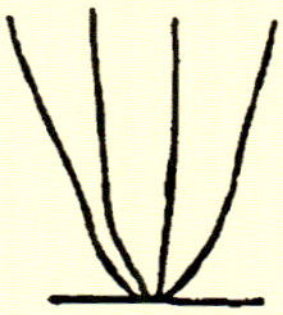 3半直立 | 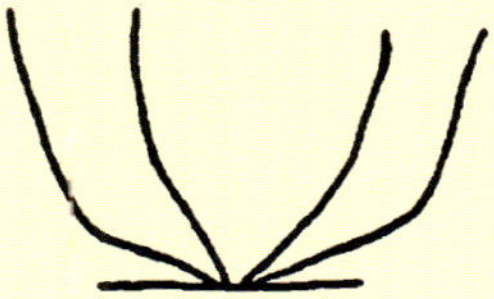 5开展 |

## 2.14　性状14茎：花青苷显色强度（QN）

（1）栽培方法。按照实验设计要求正常种植。

（2）观测时期。现蕾期。

（3）观测部位。主茎的下3/4部位。

（4）观测方法。群体目测（VG）。

（5）观测量。整个群体。

（6）性状分级。9级（表2-16）。

**表2-16　茎花青苷显色强度分级**

| 表达状态 | 无或极弱 | 极弱到弱 | 弱 | 弱到中 | 中 | 中到强 | 强 | 强到极强 | 极强 |
|---|---|---|---|---|---|---|---|---|---|
| 代码 | 1 | 2 | 3 | 4 | 5 | 6 | 7 | 8 | 9 |
| 标准品种 | 东农303 | — | 克新4号 | — | Chieftain | — | 紫盔 | — | 黑玫瑰1号 |
| 参考图片 |  1无或极弱　3弱　5中　7强　9极强 | | | | | | | | |

## 2.15 性状15茎：翼形状（PQ）

（1）栽培方法。按照实验设计要求正常种植。

（2）观测时期。现蕾期。

（3）观测部位。主茎的下3/4部位。

（4）观测方法。群体目测（VG）。

（5）观测量。整个群体。

（6）性状分级。3级（表2－17）。

**表2－17　茎翼形状分级**

| 表达状态 | 直形 | 微波形 | 波形 |
| --- | --- | --- | --- |
| 代码 | 1 | 2 | 3 |
| 标准品种 | 东农303 | 中薯8号 | 春薯3号 |
| 参考图片 |  1直形　2微波形　3波形 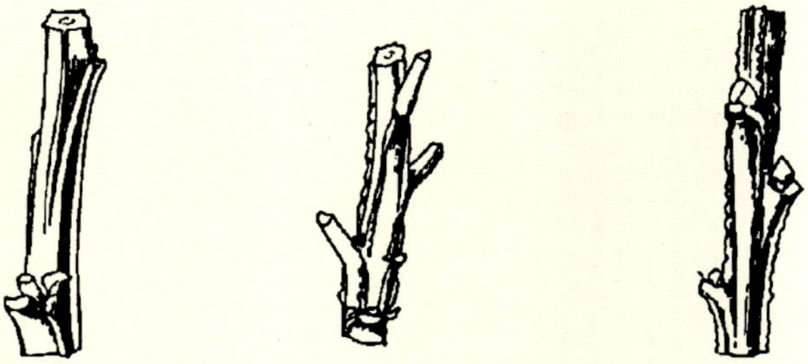 1直形　2微波形　3波形 | | |

叶部性状（16～25）观测主茎中部发育充分的叶片。复叶结构见图2－4。

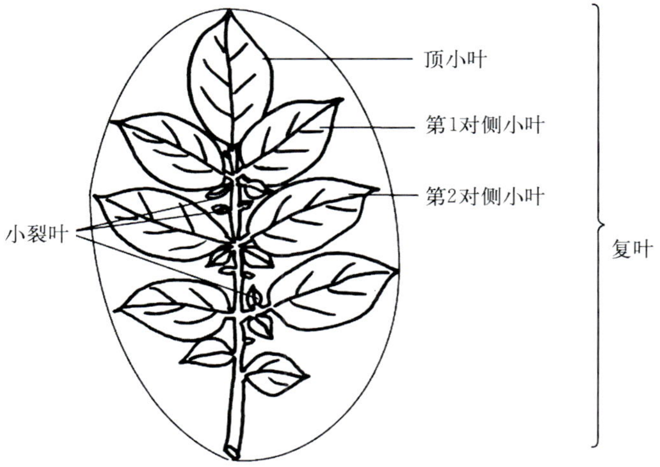


图 2-4　复　叶

## 2.16　性状 16 复叶：大小（QN）

（1）栽培方法。按照实验设计要求正常种植。

（2）观测时期。现蕾期。

（3）观测部位。主茎中部发育充分的复叶。

（4）观测方法。群体目测（VG）或个体测量（MS），参照标准品种。由于复叶大小随叶龄的增长而变化，取叶片时期必须相同，观察时取复叶的平均值。

（5）观测量。每小区取 10 株，每株取主茎中部具有代表性的 1 片复叶。

（6）性状分级。9 级（表 2-18）。

**表 2-18　复叶大小分级**

| 表达状态 | 极小 | 极小到小 | 小 | 小到中 | 中 | 中到大 | 大 | 大到极大 | 极大 |
|---|---|---|---|---|---|---|---|---|---|
| 代码 | 1 | 2 | 3 | 4 | 5 | 6 | 7 | 8 | 9 |
| 标准品种 | — | — | Agassiz | — | 克新 4 号 | — | Kennebec | — | — |
| 参考图片 | <br>4小到中 | | | <br>5中 | | <br>6中到大 | | <br>7大 | |

## 2.17 性状 17 复叶：小叶排列状态（QN）

（1）栽培方法。按照实验设计要求正常种植。

（2）观测时期。现蕾期。

（3）观测部位。主茎中部发育充分的复叶。

（4）观测方法。群体目测（VG），参照标准品种。由于复叶大小随叶龄的增长而变化，取叶片时期必须相同，观察时取复叶的平均值。

（5）观测量。每小区取 10 株，每株取主茎中部具有代表性的 1 片复叶。

（6）性状分级。5 级（表 2－19）。

**表 2－19　复叶小叶排列状态分级**

| 表达状态 | 叠合 | 叠合到相接 | 相接 | 相接到相离 | 相离 |
|---|---|---|---|---|---|
| 代码 | 1 | 2 | 3 | 4 | 5 |
| 标准品种 | Teton | — | 花 525 | — | 尤金 |
| 参考图片 | <br>1叠合 | | <br>3相接 | | <br>5相离 |

## 2.18 性状 18 复叶：小裂叶数量（QN）

（1）栽培方法。按照实验设计要求正常种植。

（2）观测时期。现蕾期。

（3）观测部位。主茎中部发育充分的复叶。

（4）观测方法。群体目测（VG）或个体测量（MS），参照标准品种。由于复叶大小随叶龄的增长而变化，取叶片时期必须相同，观察时取复叶的平均值。

（5）观测量。每小区取 10 株，每株取主茎中部具有代表性的 1 片复叶。

（6）性状分级。9 级（表 2－20）。

表 2－20　复叶小裂叶数量分级

| 表达状态 | 极少 | 极少到少 | 少 | 少到中 | 中 | 中到多 | 多 | 多到极多 | 极多 |
|---|---|---|---|---|---|---|---|---|---|
| 代码 | 1 | 2 | 3 | 4 | 5 | 6 | 7 | 8 | 9 |
| 标准品种 | — | — | 克新 19 号 | — | 花 525 | — | 克新 20 号 | — | — |

参考图片

3少

5中

7多

## 2.19　性状 19 复叶：绿色程度（QN）

（1）栽培方法。按照实验设计要求正常种植。

（2）观测时期。现蕾期。

（3）观测部位。主茎中部发育充分的复叶。

（4）观测方法。群体目测（VG）。最好在稍微阴暗的环境、避免明亮阳光下观测。

（5）观测量。整个群体。

（6）性状分级。9 级（表 2－21）。

表 2－21　复叶绿色程度分级

| 表达状态 | 极浅 | 极浅到浅 | 浅 | 浅到中 | 中 | 中到深 | 深 | 深到极深 | 极深 |
|---|---|---|---|---|---|---|---|---|---|
| 代码 | 1 | 2 | 3 | 4 | 5 | 6 | 7 | 8 | 9 |
| 标准品种 | — | — | 宁薯 1 号 | — | 克新 4 号 | — | 中薯 2 号 | — | — |

（续）

| | |
|---|---|
| 参考图片 | <br>3浅　5中　7深 |

## 2.20 性状20复叶：主脉上表面花青苷显色强度（QN）

（1）栽培方法。按照实验设计要求正常种植。

（2）观测时期。现蕾期。

（3）观测部位。主茎中部发育充分的复叶。

（4）观测方法。群体目测（VG），参照标准品种。由于复叶大小随叶龄的增长而变化，取叶片时期必须相同，观察时取复叶的平均值。

（5）观测量。每小区取10株，每株取主茎中部具有代表性的1片复叶。

（6）性状分级。9级（表2-22）。

**表2-22　复叶主脉上表面花青苷显色强度分级**

| 表达状态 | 无或极弱 | 极弱到弱 | 弱 | 弱到中 | 中 | 中到强 | 强 | 强到极强 | 极强 |
|---|---|---|---|---|---|---|---|---|---|
| 代码 | 1 | 2 | 3 | 4 | 5 | 6 | 7 | 8 | 9 |
| 标准品种 | 克新4号 | — | 尤金 | — | 紫盈 | — | 黑玫瑰3号 | — | 黑玫瑰1号 |
| 参考图片 | <br>1无或极弱 | <br>3弱 | <br>5中 | | | | | | |

（续）

| | |
|---|---|
| 参考图片 | <br>7强<br><br>9极强 |

## 2.21　性状21 小叶：顶小叶大小（QN）

（1）栽培方法。按照实验设计要求正常种植。

（2）观测时期。现蕾期。

（3）观测部位。主茎中部复叶的顶端小叶。

（4）观测方法。群体目测（VG）。由于复叶大小随叶龄的增长而变化，取叶片时期必须相同，观察时取复叶的平均值。

（5）观测量。每小区取10株，每株取主茎中部具有代表性的1片复叶。

（6）性状分级。9级（表2-23）。

**表2-23　小叶顶小叶大小分级**

| 表达状态 | 极小 | 极小到小 | 小 | 小到中 | 中 | 中到大 | 大 | 大到极大 | 极大 |
|---|---|---|---|---|---|---|---|---|---|
| 代码 | 1 | 2 | 3 | 4 | 5 | 6 | 7 | 8 | 9 |
| 标准品种 | — | — | — | — | — | — | — | — | — |
| 参考图片 | <br>3小<br><br>5中<br><br>7大<br><br>3小<br><br>5中<br><br>7大 | | | | | | | | |

## 2.22 性状 22 小叶：联会频率（QN）

（1）栽培方法。按照实验设计要求正常种植。

（2）观测时期。现蕾期。

（3）观测部位。主茎中部复叶的顶小叶或侧小叶。

（4）观测方法。群体目测（VG），观测有小叶联会的植株占整个小区植株的百分比。

（5）观测量。整个群体。

（6）性状分级。9 级（表 2－24）。

**表 2－24　小叶联会频率分级**

| 百分比 | ＜10% | 10%～20% | 20%～30% | 30%～40% | 40%～50% | 50%～60% | 60%～70% | 70%～80% | ＞80% |
|---|---|---|---|---|---|---|---|---|---|
| 表达状态 | 极低 | 极低到低 | 低 | 低到中 | 中 | 中到高 | 高 | 高到极高 | 极高 |
| 代码 | 1 | 2 | 3 | 4 | 5 | 6 | 7 | 8 | 9 |
| 标准品种 | — | — | EBA | — | 斯尔瓦纳 | — | 华颂 7 号 | — | — |
| 参考图片 | <br>不联会<br><br>单侧联会<br><br>双侧联会<br><br>不联会<br><br>单侧联会<br><br>双侧联会 | | | | | | | | |

## 2.23　性状 23 小叶：边缘波状程度（QN）

（1）栽培方法。按照实验设计要求正常种植。

（2）观测时期。现蕾期。

（3）观测部位。主茎中部复叶上的小叶。

（4）观测方法。群体目测（VG），参照标准品种。

（5）观测量。整个群体。

（6）性状分级。9 级（表 2 - 25）。

**表 2 - 25　小叶边缘波状程度分级**

| 表达状态 | 无或极弱 | 极弱到弱 | 弱 | 弱到中 | 中 | 中到强 | 强 | 强到极强 | 极强 |
|---|---|---|---|---|---|---|---|---|---|
| 代码 | 1 | 2 | 3 | 4 | 5 | 6 | 7 | 8 | 9 |
| 标准品种 | 东农 303 | — | 尤金 | — | 克新 6 号 | — | 克新 9 号 | — | Erntestole |
| 参考图片 |  1无或极弱　3弱　5中　7强 | | | | | | | | |

## 2.24　性状 24 小叶：光泽度（QN）

（1）栽培方法。按照实验设计要求正常种植。

（2）观测时期。现蕾期。

（3）观测部位。主茎中部复叶上的小叶。

（4）观测方法。群体目测（VG），参照标准品种。

（5）观测量。整个群体。

（6）性状分级。3 级（表 2 - 26）。

表 2-26 小叶光泽度分级

| 表达状态 | 弱 | 中 | 强 |
| --- | --- | --- | --- |
| 代码 | 1 | 2 | 3 |
| 标准品种 | Conestoga | 花 525 | 克新 3 号 |
| 参考图片 | <br>1弱 2中 3强 | | |

## 2.25 性状 25 叶：莲座状叶顶部茸毛（QL）

（1）栽培方法。按照实验设计要求正常种植。

（2）观测时期。现蕾期。

（3）观测部位。主茎中部复叶。

（4）观测方法。群体目测（VG）。

（5）观测量。整个群体。

（6）性状分级。2 级（表 2-27）。

表 2-27 叶莲座状叶顶部茸毛分级

| 表达状态 | 无 | 有 |
| --- | --- | --- |
| 代码 | 1 | 9 |
| 标准品种 | Zagadka | Alena |
| 参考图片 | <br>1无 | <br>9有 |

## 2.26　性状 26 花蕾：花青苷显色强度（QN）

（1）栽培方法。按照实验设计要求正常种植。

（2）观测时期。现蕾期，在完全发育的花蕾上观察，花蕾仍然闭合未见花冠。

（3）观测部位。花蕾。

（4）观测方法。群体目测（VG）。

（5）观测量。整个群体。

（6）性状分级。9 级（表 2－28）。

**表 2－28　花蕾花青苷显色强度分级**

| 表达状态 | 无或极弱 | 极弱到弱 | 弱 | 弱到中 | 中 | 中到强 | 强 | 强到极强 | 极强 |
|---|---|---|---|---|---|---|---|---|---|
| 代码 | 1 | 2 | 3 | 4 | 5 | 6 | 7 | 8 | 9 |
| 标准品种 | — | — | 克新 2 号 | — | 花 525 | — | Brigus | — | — |
| 参考图片 | <br>1无或极弱<br><br>3弱<br><br>5中<br><br>7强<br><br>9极强 | | | | | | | | |

## 2.27　性状 27 植株：高度（QN）

（1）栽培方法。按照实验设计要求正常种植。

（2）观测时期。开花期。

（3）观测部位。植株。

（4）观测方法。群体目测（VG）或群体测量（MG），参照标准品种。

（5）观测量。整个群体。

（6）性状分级。9 级（表 2－29）。

**表 2-29　植株高度分级**

| 表达状态 | 极矮 | 极矮到矮 | 矮 | 矮到中 | 中 | 中到高 | 高 | 高到极高 | 极高 |
|---|---|---|---|---|---|---|---|---|---|
| 代码 | 1 | 2 | 3 | 4 | 5 | 6 | 7 | 8 | 9 |
| 标准品种 | A-6 | — | 东农 303 | — | 克新 2 号 | — | 红土豆 | — | 青薯 9 号 |

## 2.28　性状 28 植株：开花频率（QN）

（1）栽培方法。按照实验设计要求正常种植。

（2）观测时期。开花期。

（3）观测部位。花序。

（4）观测方法。群体目测（VG），参照标准品种。对于这个性状，并不确定是否观察时的频率就是该品种达到的最高频率。因此需要多次观察，记下频率最高时的状态。

（5）观测量。整个群体。

（6）性状分级。9 级（表 2-30）。

**表 2-30　植株开花频率分级**

| 表达状态 | 无或极低 | 极低到低 | 低 | 低到中 | 中 | 中到高 | 高 | 高到极高 | 极高 |
|---|---|---|---|---|---|---|---|---|---|
| 代码 | 1 | 2 | 3 | 4 | 5 | 6 | 7 | 8 | 9 |
| 标准品种 | 克新 4 号 | — | Kennebec | — | 东农 303 | — | 中薯 5 号 | — | 冀张薯 8 号 |

参考图片

1无或极低

3低

5中

7高

## 2.29　性状 29 植株：顶部叶片花青苷显色（QL）

（1）栽培方法。按照实验设计要求正常种植。

（2）观测时期。开花期。

（3）观测部位。主茎顶部叶片。

（4）观测方法。群体目测（VG）。

（5）观测量。整个群体。

（6）性状分级。2 级（表 2－31）。

**表 2－31　植株顶部叶片花青苷显色分级**

| 表达状态 | 无 | 有 |
|---|---|---|
| 代码 | 1 | 9 |
| 标准品种 | 克新 4 号 | 黑美人 |
| 参考图片 |  1无 |  9有 |

花序和花的性状（30～36）结构见图 2－5。有关花颜色的性状，观测新鲜花的正面。

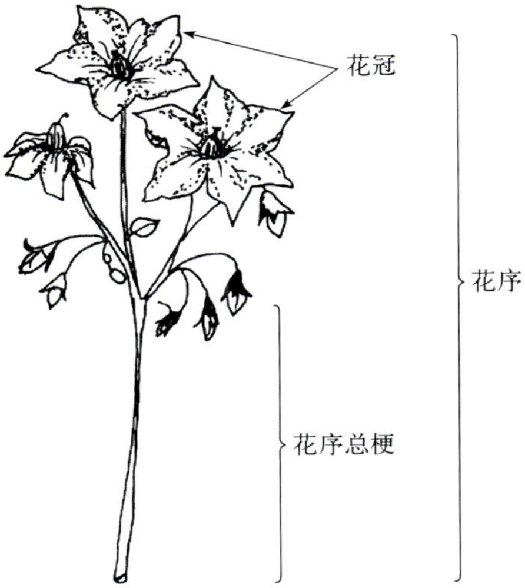


图 2－5　花　序

## 2.30 性状 30 花序：大小（QN）

（1）栽培方法。按照实验设计要求正常种植。

（2）观测时期。开花期。

（3）观测部位。花序。

（4）观测方法。群体目测（VG），参照标准品种。

（5）观测量。整个群体。

（6）性状分级。9 级（表 2－32）。

**表 2－32 花序大小分级**

| 表达状态 | 极小 | 极小到小 | 小 | 小到中 | 中 | 中到大 | 大 | 大到极大 | 极大 |
|---|---|---|---|---|---|---|---|---|---|
| 代码 | 1 | 2 | 3 | 4 | 5 | 6 | 7 | 8 | 9 |
| 标准品种 | — | — | Estima | — | 花 525 | — | La 01－38 | — | — |
| 参考图片 |  3小 | | |  5中 | | |  7大 | | |

## 2.31 性状 31 花序：总梗花青苷显色强度（QN）

（1）栽培方法。按照实验设计要求正常种植。

（2）观测时期。开花期。

（3）观测部位。花序总梗。

（4）观测方法。群体目测（VG），参照标准品种。

（5）观测量。整个群体。

（6）性状分级。9 级（表 2－33）。

**表 2－33 花序总梗花青苷显色强度分级**

| 表达状态 | 无或极弱 | 极弱到弱 | 弱 | 弱到中 | 中 | 中到强 | 强 | 强到极强 | 极强 |
|---|---|---|---|---|---|---|---|---|---|
| 代码 | 1 | 2 | 3 | 4 | 5 | 6 | 7 | 8 | 9 |
| 标准品种 | 东农 303 | — | 花 525 | — | 尤金 | — | Brigus | — | — |

（续）

参考图片

1无或极弱

3弱

5中

7强

## 2.32　性状32花冠：大小（QN）

（1）栽培方法。按照实验设计要求正常种植。

（2）观测时期。开花期，必须在早晨花刚开放的时候观察。

（3）观测部位。花冠。

（4）观测方法。群体目测（VG），参照标准品种。

（5）观测量。整个群体。

（6）性状分级。9级（表2-34）。

**表2-34　花冠大小分级**

| 表达状态 | 极小 | 极小到小 | 小 | 小到中 | 中 | 中到大 | 大 | 大到极大 | 极大 |
|---|---|---|---|---|---|---|---|---|---|
| 代码 | 1 | 2 | 3 | 4 | 5 | 6 | 7 | 8 | 9 |
| 标准品种 | — | — | 尤金 | — | 花525 | — | Omega | — | — |

参考图片

3小

5中

7大

## 2.33　性状33花冠：形状（PQ）

（1）栽培方法。按照实验设计要求正常种植。

（2）观测时期。开花期。必须在早晨花刚开放的时候观察。

（3）观测部位。花冠。

（4）观测方法。群体目测（VG），参照标准品种。

（5）观测量。整个群体。

（6）性状分级。3 级（表 2－35）。

**表 2－35　花冠形状分级**

| 表达状态 | 星形 | 近五边形 | 近圆形 |
|---|---|---|---|
| 代码 | 1 | 2 | 3 |
| 标准品种 | 膨大早 | 花 525 | 克新 12 号 |
| 参考图片 |  1星形  1星形 |  2近五边形  2近五边形 |  3近圆形  3近圆形 |

## 2.34　性状 34 花冠：内侧花青苷显色强度（QN）

（1）栽培方法。按照实验设计要求正常种植。

（2）观测时期。开花期。必须在早晨花刚开放的时候观察，衰老的花可能会褪色。

（3）观测部位。花冠。

（4）观测方法。群体目测（VG），参照标准品种。

（5）观测量。整个群体。

（6）性状分级。9 级（表 2－36）。

**表 2－36　花冠内侧花青苷显色强度分级**

| 表达状态 | 无或极弱 | 极弱到弱 | 弱 | 弱到中 | 中 | 中到强 | 强 | 强到极强 | 极强 |
|---|---|---|---|---|---|---|---|---|---|
| 代码 | 1 | 2 | 3 | 4 | 5 | 6 | 7 | 8 | 9 |
| 标准品种 | 克新 13 号 | — | 克新 2 号 | — | Favorita | — | Brigus | — | — |

（续）

| | |
|---|---|
| 参考图片 | <br>1无或极弱<br><br>3弱<br><br>5中<br><br>7强<br><br>9极强 |

## 2.35 性状35 花冠：内侧花青苷显色蓝色素比重（QN）

（1）栽培方法。按照实验设计要求正常种植。

（2）观测时期。开花期。必须在早晨花刚开放的时候观察。

（3）观测部位。花冠。

（4）观测方法。群体目测（VG），参照标准品种。

（5）观测量。整个群体。

（6）性状分级。3级（表2－37）。

**表2－37 花冠内侧花青苷显色蓝色素比重分级**

| 表达状态 | 无或低 | 中 | 高 |
|---|---|---|---|
| 代码 | 1 | 2 | 3 |
| 标准品种 | 东农303 | Favorita | FL2215 |
| 参考图片 | <br>1无或低 | | <br>3高 |

注：花青苷显色源自于两种成分：红色素和蓝色素。如果有花青苷显色，那么一定含有红色素。如果蓝色素比重较低，花冠的颜色呈现红色或紫红色；如果蓝色素比重较高，花冠的颜色会呈现蓝色或蓝紫色。

## 2.36 性状 36 花冠：内侧花青苷显色扩展范围（QN）

（1）栽培方法。按照实验设计要求正常种植。

（2）观测时期。开花期。必须在早晨花闭合前进行观察，衰老的花可能会褪色。

（3）观测部位。花冠。

（4）观测方法。群体目测（VG），参照标准品种。

（5）观测量。整个群体。

（6）性状分级。9 级（表 2－38）。

**表 2－38 花冠内侧花青苷显色扩展范围分级**

| 表达状态 | 无或极小 | 极小到小 | 小 | 小到中 | 中 | 中到大 | 大 | 大到极大 | 极大 |
|---|---|---|---|---|---|---|---|---|---|
| 代码 | 1 | 2 | 3 | 4 | 5 | 6 | 7 | 8 | 9 |
| 标准品种 | 克新 13 号 | — | 克新 21 号 | — | 花 525 | — | 宁薯 1 号 | — | 紫盈 |
| 参考图片 |  1无或极小 | |  3小 | |  5中 | |  7大 | |  9极大 |

## 2.37 性状 37 成熟期（QN）

（1）栽培方法。按照实验设计要求正常种植。

（2）观测时期。成熟期。全株有 2/3 以上叶片枯黄的植株占小区总株数的 75%以上时的日期记为成熟期。计算出苗至成熟期日（天）数。

（3）观测部位。植株。

（4）观测方法。群体测量（MG）。

（5）观测量。整个群体。

（6）性状分级。9 级（表 2－39）。

**表 2－39 成熟期分级**

| 出苗至成熟日数（天） | ＜50.0 | 50.1～60.0 | 60.1～66.0 | 66.1～72.0 | 72.1～78.0 | 78.1～84.0 | 84.1～90.0 | 90.1～100.0 | ＞100.1 |
|---|---|---|---|---|---|---|---|---|---|
| 表达状态 | 极早 | 极早到早 | 早 | 早到中 | 中 | 中到晚 | 晚 | 晚到极晚 | 极晚 |
| 代码 | 1 | 2 | 3 | 4 | 5 | 6 | 7 | 8 | 9 |
| 标准品种 | 东农 303 | — | 中薯 3 号 | — | 克新 2 号 | — | 花 525 | — | 青薯 9 号 |

对于块茎性状（38～43）的调查，通常在收获时从每个小区中选取能代表该品种性状表达状态的 30 个整薯。收获结束后尽快调查，以防块茎表皮颜色发生改变。

## 2.38 性状 38 块茎：形状（PQ）

（1）栽培方法。按照实验设计要求正常种植。

（2）观测时期。收获期。

（3）观测部位。块茎，收获时取有代表性的块茎。

（4）观测方法。群体目测（VG）。注意块茎不要被阳光晒到，防止表皮颜色改变。

（5）观测量。30 个。

（6）性状分级。6 级（表 2－40）。

**表 2－40 块茎形状分级**

| 表达状态 | 圆形 | 短卵圆形 | 卵圆形 | 长卵圆形 | 长形 | 极长形 |
|---|---|---|---|---|---|---|
| 代码 | 1 | 2 | 3 | 4 | 5 | 6 |
| 标准品种 | 克新 12 号 | 克新 4 号 | 东农 303 | 中薯 9 号 | Spunta | Russet Burbank |
| 参考图片 |  1圆形 |  2短卵圆形 |  3卵圆形 |  4长卵圆形 |  5长形 |  6极长形 |

（续）

| | |
|---|---|
| 参考图片 | 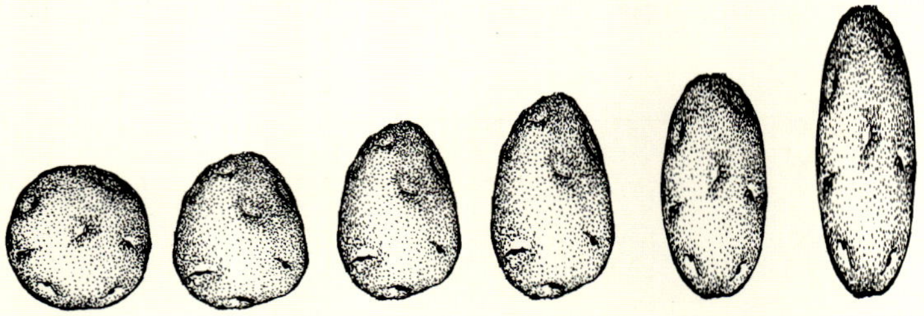 1圆形　2短卵圆形　3卵圆形　4长卵圆形　5长形　6极长形 |

## 2.39　性状 39 块茎：芽眼深度（QN）

（1）栽培方法。按照实验设计要求正常种植。

（2）观测时期。收获期。

（3）观测部位。块茎，收获时取有代表性的块茎。注意块茎不要被阳光晒到，防止表皮颜色改变。

（4）观测方法。群体目测（VG）。

（5）观测量。30 个。

（6）性状分级。9 级（表 2－41）。

**表 2－41　块茎芽眼深度分级**

| 表达状态 | 极浅 | 极浅到浅 | 浅 | 浅到中 | 中 | 中到深 | 深 | 深到极深 | 极深 |
|---|---|---|---|---|---|---|---|---|---|
| 代码 | 1 | 2 | 3 | 4 | 5 | 6 | 7 | 8 | 9 |
| 标准品种 | — | — | 中薯 3 号 | — | 克新 4 号 | — | 花 525 | — | — |
| 参考图片 |  1极浅　 3浅　 5中　 7深　 9极深 | | | | | | | | |

## 2.40 性状 40 块茎：表皮光滑度（QN）

（1）栽培方法。按照实验设计要求正常种植。

（2）观测时期。收获期。

（3）观测部位。块茎，收获时取有代表性的块茎。

（4）观测方法。群体目测（VG）。

（5）观测量。30 个。

（6）性状分级。5 级（表 2－42）。

**表 2－42 块茎表皮光滑度分级**

| 表达状态 | 光滑 | 光滑到中等 | 中等 | 中等到粗糙 | 粗糙 |
| --- | --- | --- | --- | --- | --- |
| 代码 | 1 | 2 | 3 | 4 | 5 |
| 标准品种 | 东农 303 | — | 克新 2 号 | — | 克新 13 号 |
| 参考图片 |  1光滑 2光滑到中等 3中等 5粗糙 | | | | |

## 2.41 性状 41 块茎：表皮颜色（PQ）

（1）栽培方法。按照实验设计要求正常种植。

（2）观测时期。收获期。

（3）观测部位。块茎，收获时取有代表性的块茎。注意块茎不要被阳光晒到，防止颜色改变。

（4）观测方法。群体目测（VG）。

（5）观测量。30 个。

（6）性状分级。8 级（表 2－43）。

**表 2－43　块茎表皮颜色分级**

| 表达状态 | 浅黄色 | 黄色 | 浅红色 | 红色 | 部分红色 | 蓝色 | 部分蓝色 | 红褐色 |
|---|---|---|---|---|---|---|---|---|
| 代码 | 1 | 2 | 3 | 4 | 5 | 6 | 7 | 8 |
| 标准品种 | 中薯 5 号 | 东农 303 | Norland | 红盈 | Red Warba | Brigus | Kestrel | Umatilla Russet |

参考图片

1浅黄色

2黄色

3浅红色

4红色

5部分红色

6蓝色

7部分蓝色

8红褐色

## 2.42　性状 42 块茎：芽眼基部颜色（PQ）

（1）栽培方法。按照实验设计要求正常种植。

（2）观测时期。收获期。

（3）观测部位。块茎，收获时取有代表性的块茎。注意块茎不要被阳光晒到，防止表皮颜色改变。

（4）观测方法。群体目测（VG）。

（5）观测量。30 个。

（6）性状分级。4 级（表 2－44）。

表 2-44 块茎芽眼基部颜色分级

| 表达状态 | 白色 | 黄色 | 红色 | 蓝色 |
| --- | --- | --- | --- | --- |
| 代码 | 1 | 2 | 3 | 4 |
| 标准品种 | Nadine | 东农 303 | 高原 1 号 | Brigus |
| 参考图片 |  1白色 |  2黄色 |  3红色 |  4蓝色 |

## 2.43 性状 43 块茎：薯肉颜色（PQ）

（1）栽培方法。按照实验设计要求正常种植。

（2）观测时期。收获期。

（3）观测部位。块茎，收获时取有代表性的块茎。

（4）观测方法。群体目测（VG）。块茎切开几分钟后，肉就可能会变色。所以观察必须迅速进行。

（5）观测量。30 个。

（6）性状分级。9 级（表 2-45）。

表 2-45 块茎薯肉颜色分级

| | 白色 | 乳白色 | 浅黄色 | 中等黄色 | 深黄色 | 红色 | 部分红色 | 蓝色 | 部分蓝色 |
| --- | --- | --- | --- | --- | --- | --- | --- | --- | --- |
| 代码 | 1 | 2 | 3 | 4 | 5 | 6 | 7 | 8 | 9 |
| 标准品种 | Russet Burbank | Desiree | 中薯 5 号 | 宁薯 1 号 | Lt-7 | 红玫瑰 1 号 | 云薯 603 | 黑玫瑰 1 | 云薯 602 |

（续）

| | |
|---|---|
| 参考图片 | <br>1白色 2乳白色 3浅黄色 4中等黄色 5深黄色<br>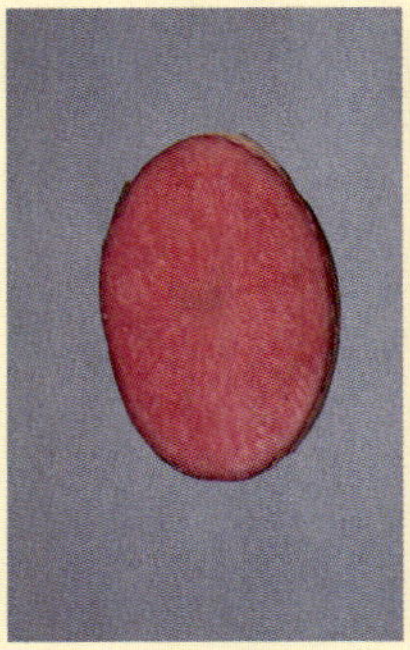<br>6红色<br>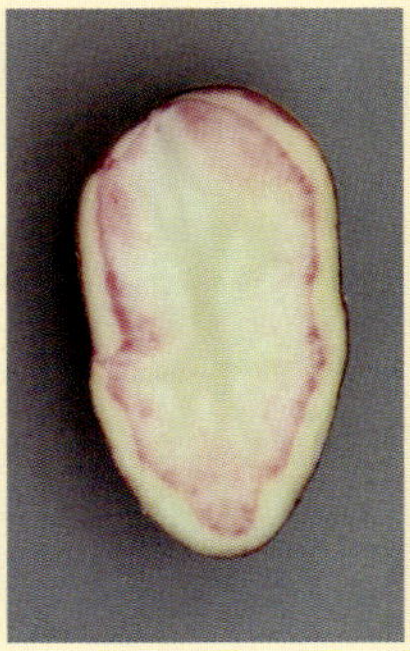<br>7部分红色<br><br>8蓝色<br><br>9部分蓝色 |

## 2.44 性状44 块茎：光照后表皮花青苷显色强度（QN）（仅适用于浅黄皮和黄皮品种）

（1）栽培方法。按照实验设计要求正常种植。

（2）观测时期。收获期。薯块经过日光照射10 d或人工光照150 h后。

（3）观测部位。块茎，收获时取有代表性的块茎。

（4）观测方法。群体目测（VG）。

（5）观测量。7个。

（6）性状分级。9级（表2-46）。

**表2-46 块茎光照后表皮花青苷显色强度分级**

| 表达状态 | 无或极弱 | 极弱到弱 | 弱 | 弱到中 | 中 | 中到强 | 强 | 强到极强 | 极强 |
|---|---|---|---|---|---|---|---|---|---|
| 代码 | 1 | 2 | 3 | 4 | 5 | 6 | 7 | 8 | 9 |
| 标准品种 | 东农303 | — | 花525 | — | Epicure | — | Lt-5 | — | — |

（续）

| | |
|---|---|
| 参考图片 | <br>1无或极弱　3弱　5中　7强　9极强 |

图 2－6　晒皮实验

# 第 3 部分

## 马铃薯 DUS 测试性状照片拍摄技术规程

为规范植物新品种测试照片拍摄工作，提高拍摄效率和照片质量，根据农业农村部植物新品种DUS测试要求、马铃薯品种DUS测试指南和DUS测试照片拍摄技术规范指南的规定，制定本拍摄技术规程。

# 1 拍摄目的和意义

DUS测试中拍摄照片是对品种性状描述表中的表达状态加以图片说明，有助于了解品种的特征特性。优秀的照片附在DUS测试报告中，能够提升报告审查的效率和质量；用于近似品种筛选，可以增强筛选的准确性；收入已知品种数据库，会使性状表现更加生动直观；编辑在DUS测试操作手册里，大幅度提高了手册的实用价值；还可以在有异议时作为证据使用。

# 2 基本要求

（1）性状拍摄的时期和部位，应严格按照马铃薯DUS测试指南的要求为准。

（2）照片要构图明确、成像清晰，准确反映马铃薯品种的DUS测试性状，尽量采用简单有效的方式拍摄，按照统一的规定命名。照片采用jpg格式，可以冲印或彩色打印成5英寸大小，照片可进行裁剪，但不能对照片中的拍摄主体进行任何修饰处理，也不能改变照片的纵横比。

（3）马铃薯品种主要植物学特征照片包含光发芽、复叶、花序、植株和块茎共5张，为丰富也可以拍摄小区及群体照片。用于构建表型数据库的照片应建立电子档案，包括以下信息：照片部位名称、测试编号、品种名称、拍摄地点及时间等。

# 3 摄影器材功能及使用

## 3.1 摄影器材

（1）相机和镜头。由于DUS测试拍摄不同部位的照片，采用单反相机能够满足图像质量、镜头多样性和手动控制等要求。镜头采用标准变焦镜头

(24～120 mm) 和定焦镜头 (35 mm、50 mm、85 mm、105 mm 等)。

变焦镜头适合拍摄小区或植株等较大视野的拍摄主体，根据主体大小调节焦距达到最佳拍摄效果；但变焦镜头用于拍摄近景主体时，周边成像会受到影响，如拍摄叶片时，直尺会弯曲变形。

定焦镜头只有一个焦段，没有变焦功能，可以根据拍摄视野大小选用适合的焦距，优点是对焦准确速度快，成像清晰稳定，画面细腻，颗粒感轻微。特别是解决了周边成像变形的问题。

(2) 相机配件。三脚架、闪光灯、引闪器、测光表、快门线、存储卡、读卡器、电池等。

(3) 辅助工具。刻度尺、比色卡、镊子、大头针、回形针、背景纸、翻拍架、柔光伞、反光板、背景支架、拍摄台、数码影室灯等。

图 3-1　DUS 测试常用摄影器材

## 3.2　相机功能及参数设置

拍摄者应熟悉相机的功能，根据不同环境变化及时调整参数，达到最佳拍摄效果。

(1) 图像。图像品质有精细、标准和基本，图像尺寸有大、中、小，品质高尺寸大的照片画质好，但占据的存储空间也大，可以根据不同拍摄部位和色彩程度进行合理选择。上传 DUS 测试报告时，系统要求照片不能超过 1M，要对照片进行压缩。

（2）感光度（ISO）。感光度（ISO）影响照片的亮度和噪点水平。感光度越高，画面越亮，曝光时所需光线就越少，可以使用更高的快门速度或更小的光圈，但图像产生噪点越多，要根据实际情况进行调整。如果环境昏暗达不到充分的快门速度，就需要在不受噪点影响的情况下，将感光度调高。

（3）曝光模式。

P模式：程序自动。相机设定快门速度和光圈以获得良好曝光。

S模式：快门优先自动。拍摄者选择快门速度，相机选择光圈以达到良好效果。快门速度影响进光量，快门速度越慢，进光量越多，适合静止物体的拍摄。

A模式：光圈优先自动。拍摄者选择光圈，相机选择快门速度以达到良好效果。光圈影响画面亮度和背景虚化效果。光圈越大，画面越亮，背景虚化效果越明显；光圈变小，可以加深景深，焦点范围也变深，但由于光线不足，快门速度会下降，有手抖的影响，需借助三脚架或拍摄台固定相机。

M模式：手动。拍摄者根据实际环境调整快门速度和光圈，通过这些参数的组合达到最佳的拍摄效果，而且需要手动选择对焦点，并通过调整曝光补偿来控制画面的曝光。

（4）曝光补偿。曝光补偿可以改变相机建议的曝光值，使照片更亮或更暗。相机是以总画面光线量的平均量来曝光的，在拍摄花的特写照片时，因为不同的花色光线量不同，会出现变暗（曝光不足）或变亮（曝光过度）的曝光差距现象，需要利用曝光补偿功能来调整正确的曝光量。

（5）白平衡。白平衡是关乎真实反映照片主体颜色的最重要参数。在DUS测试拍照时，要根据环境（室内外、阴晴天、阳光下或背阴处等）的光源色温不同，使用专用的灰色卡或者市场销售的同类白纸为参照，对白平衡进行适当调整，使相机拍摄的照片与主体实际情况一致。

# 4　DUS测试性状照片的拍摄方法

## 4.1　拍摄主体的选择

拍摄主体要选择能够代表测试品种特征特性的个体，使照片表现的特征和测试数据结果相符，避免极端。

### 4.2 构图

(1) 平面布局。照片包括拍摄主体、注释和背景3部分。测试品种置于照片左侧，近似品种置于照片右侧，或测试品种置于照片上部，近似品种置于照片下部，采用三分法将被摄物安排在黄金线上，原则上按照自然生长方向放置。

(2) 拍摄主体布置。根据拍摄主体的形状和大小来决定照片的横竖，尽量把拍摄主体拍得大一些，但要注意留白。

(3) 注释。照片通过品种标签加以注释。品种标签可以通过软件添加文字的方式制作在照片中，标签内容为测试编号，字体为宋体加粗，字号统一，比例协调，标签位置原则上放在拍摄主体的中下部。为不遮挡照片主体，可以适当调整位置。

(4) 背景。拍摄背景应使用单色专业背景布或背景纸，背景颜色以中性灰为主。如果没有拍摄用的背景，也可以利用建筑物的单色墙面。注意拍摄同一类照片，要统一背景色。

(5) 其他工具。直尺是反映拍摄主体大小的重要标准，根据拍摄主体的大小选择不同规格的直尺。比色卡可以对照片起到颜色校正作用。建议在拍摄和颜色有关的性状时，把图像校正比色卡拍进照片里。此外，对不稳定的拍摄主体进行固定状态拍摄时，应事先准备好镊子等小工具。

### 4.3 拍摄环境

拍摄时应尽量选择在柔和的自然光下进行，晴天的背阴处或微阴天，避免阳光直射，使光线与色彩保证测试性状的正常表达。最好配备专业的拍摄设施，稳固的拍摄台上安装相机和专用的荧光灯，可以大大提高拍摄质量。室内拍摄时，注意调整好照明的位置和角度，尽量降低影子和反射光的干扰。室外拍摄时，尽量选择无风天，防止拍摄主体抖动。

## 5 马铃薯DUS测试性状照片的具体拍摄方法

### 5.1 不同部位的照片拍摄条件

以尼康D850相机及同品牌镜头为例。

(1) 光发芽（图3-2）。

图 3-2　光发芽的拍摄

拍摄时在室内，无自然光下使用闪光灯。采用 105 mm 微距镜头，三脚架固定，镜头距离拍摄主体 0.7～0.8 m，拍摄主体距离背景布约 0.9 m。相机两侧对称放置闪光灯、柔光伞。相机顶部固定引闪器，配测光表。调整相机的图像品质为标准，图像尺寸为大，图片格式为 .jpg。

① 调整快门速度 T（相机前轮）=250，即 1/250 s；光圈 F 值（相机后轮）=11；感光度 ISO（按住 ISO 键，调后轮）=400（起步值，省电）。

② 打开闪光灯。白色按钮为开关，长按，顺时针解锁，然后旋转调至 5.0。

③ 测光：将测光表白色探头旋转突出，白色光球朝向相机方向。打开测光表。选择闪电模式，调整 T=250，ISO=400，保持测光表与拍摄主体在同一平面，按下侧面蓝色按钮，进入测光状态。

④ 按动引闪器 TEST，此时测光表显示 F 值，例如 F=8.0，则调整测光表的 ISO 值，当 F=11，记下此时的 ISO 值。

⑤ 调整相机 ISO 值为测光表计算出的 ISO 值。

⑥ 拍摄：每个拍摄主体先拍下区号标签，再拍摄主体照片。拍摄主体在照片中心位置，焦点放在相机取景器的中心部位。

A）如果部分光发芽虚化，可以把相机与拍摄主体间的距离适当调远。

B）如果拍摄主体偏暗，可以将闪光灯的值以 0.1～0.5 的幅度调高，反之调低。

C）若背景偏暗，可以调整 T=200 或 160，或者一挡一档地调大，但调大会有手抖的影响，如果调至125还是暗，可以调整闪光灯的位置和角度，使其照到背景。

D）若上面操作后，前景亮度又变化了，再测光。T＝125，ISO＝500，测F值。例如：F＝8.0，再手动调至F＝11，则ISO会增加，比如变成640，再调整相机的ISO值。

（2）复叶、花序和植株（图3－3）。

图3－3 复叶、花序和植株的拍摄

复叶、花序和植株的拍摄是在室外的田间，最好是选择多云天气，保证光线充足又没有强光照射。相机选择P档，如果发现照片亮度不一也可以选择M档，手动设置光圈F值＝9，感光度＝100，然后通过测光表确定快门速度，白平衡调成自动。

① 复叶。拍摄复叶时，要将复叶从植株上取下，置于附有灰色背景纸的小桌板上拍摄。如果有阳光，要用遮光板遮挡。这种状态下，需要增加曝光补偿才不会使照片颜色昏暗。

② 花序。拍摄花序，要注意使背景虚化，突出拍摄主体。

③ 植株。由于拍摄植株时用黑色背景布，相机在 P 档情况下会默认为昏暗环境，自动加曝光，此时需要将曝光补偿调低。

（3）薯块（图 3－4）。

图 3－4　薯块的拍摄

拍摄薯块时在室内，尽量采用自然光。为保证直尺不弯曲变形，要选择定焦镜头。105 mm 效果最佳，但是因为取景范围小，如果翻拍架高度受限不能拍到全景，就选择 85 mm 或更适合的定焦镜头。相机选择 M 档，根据环境光线，调整相机参数达到最佳效果，如果拍摄者身体遮挡光线影响拍摄，可以加根快门线，稍远处站立控制相机开关。

## 5.2　不同用途的照片拍摄要求

（1）用来说明品种栽培情况和特征特性的照片。如果想说明品种的栽培情况和特征特性，可以通过拍摄小区照片记录测试材料的生长情况（图 3－5）或群体照片展现品种的普遍特征特性。照片要构图简洁，并涵盖尽可能多的特征。

图 3－5　说明品种栽培情况的照片

（2）用来判定 DUS 三性的照片。

① 具备三性。根据马铃薯作物特点，拍摄能够代表特征特性的 5 张部位照片，附在测试报告中。

光发芽

复叶

花序

植株

薯块

图 3－6　马铃薯 DUS 特性照片

② 不具备特异性。对于不具备特异性的测试品种，在 DUS 测试系统中出具特异性不合格报告。将测试品种与近似品种并列拍摄于同一张照片中，说明两者特征特性一致（图 3－7）。在发生异议时，该照片会成为证据。

图3-7　特异性不合格照片

③ 不具备一致性。对于不具备一致性的测试品种，在DUS测试系统中出具一致性不合格报告。将测试品种的典型株和异型株并列拍摄于同一张照片中，说明两者在该性状是有差异的（图3-8）。在发生异议时，该照片会成为证据。

图3-8　一致性不合格照片